NOTICE

SUR LA

BOUSSOLE-RAPPORTEUR

ET DIRECTRICE

ET LA

RÈGLE TOPOGRAPHIQUE DE CAMPAGNE

Par le Capitaine **DELCROIX**

ANCIEN PROFESSEUR A L'ÉCOLE SPÉCIALE MILITAIRE

PARIS
11, PLACE SAINT-ANDRÉ-DES-ARTS

LIMOGES
46, NOUVELLE ROUTE D'AIXE, 46.

HENRI CHARLES-LAVAUZELLE

Éditeur militaire.

1894

NOTICE

SUR LA

BOUSSOLE-RAPPORTEUR ET DIRECTRICE

ET LA

RÈGLE TOPOGRAPHIQUE DE CAMPAGNE

SOMMAIRE

NOTICE

SUR LA

BOUSSOLE-RAPPORTEUR ET DIRECTRICE

ET LA

RÈGLE TOPOGRAPHIQUE DE CAMPAGNE

I

Avant-propos. — But de l'instrument.

La Règle topographique de campagne a pour but de résoudre les problèmes relatifs à la connaissance et à l'étude du terrain, souvent nécessaires à la conduite des troupes en marche ou en station, en manœuvre ou au combat, et de faciliter l'étude et la lecture des cartes.

On peut avec elle dresser vivement un levé expédié, un itinéraire rapide, compléter une carte et établir un croquis pittoresque, à l'aide d'un tableau élémentaire de perspective plane.

Six échelles usuelles donnent la réduction des longueurs; une échelle de pente permet d'exprimer vivement les pentes ordinaires par les écartements des courbes de niveau.

Employée avantageusement pour l'estimation des distances de tir et des longueurs de levé expédié, comme stadimètre vertical et horizontal, la Règle donne, par une simple visée, la mesure soit d'un angle horizontal (azimut), soit d'un angle vertical, ou les deux simultanément sans déranger l'instrument ni l'observateur.

On peut ainsi traiter ce qui intéresse le tir (inclinaisons et distances), les levés topographiques (directions, distances et différences de niveau), enfin tout ce qui touche aux reconnaissances d'officier et aux préoccupations continuelles de celui-ci, lorsqu'il est en tête de sa troupe et qu'il commande. Pour savoir où il est, d'où il vient, où il va, quel est son angle de marche de jour et de nuit, pour étudier sa position et celle de l'ennemi, l'officier en campagne trouve à sa portée un instrument de travail et de mesure aussi maniable et aussi léger qu'un carnet.

Les dimensions d'un portefeuille (profondeur et largeur de la poche de la vareuse) lui assurent un transport pratique.

La boussole-rapporteur forme un instrument indépendant au gré de l'opérateur et a les dimensions de la poche-ticket, de manière à constituer une boussole pratique de marche, *une véritable directrice.*

Avant tout, le petit instrument est simple et symétrique, d'observation commode et rapide : les petits calculs élémentaires qu'il nécessite sont basés sur le système décimal, à la portée de tous, sans qu'il soit besoin d'aucune table ni d'aucune installation préalable.

On peut même éviter tout calcul en résolvant graphiquement, sur papier quadrillé, toutes les observations de l'instrument, et en reportant le tout à l'échelle employée. La simplification et la vulgarisation scientifique la plus absolue ont été l'objectif constamment poursuivi.

II

Description de l'instrument. — Règle et boussole.

La *Règle topographique* se compose de deux instruments juxtaposés et encastrés l'un dans l'autre :

La *Règle topographique* proprement dite et la *Boussole-rapporteur* directrice.

La figure I et la figure I *bis* donnent le plan et l'élévation.

La figure II donne la vue arrière en élévation.

La figure III donne une vue oblique et perspective.

Les figures IV, V, VI donnent les diverses manières d'observer la visée normale, la visée expédiée et la visée par réflexion.

1° La règle topographique.

La *Règle topographique* se compose d'une règle plate en buis, en aluminium ou ses dérivés non magnétiques, dont les côtés sont taillés en biseau. Etablie à la demande des poches de poitrine du dolman et de la vareuse de campagne, elle est large de quatre doigts et suffisamment longue pour servir d'alidade et permettre de tracer les directions.

Sur les bords en biseau (r_1 r_2) sont gravées *deux échelles triples*, chacune d'elles groupant les échelles usuelles, multiples ou sous-multiples l'une de l'autre. Sur l'un des côtés, les échelles du 1/80,000, du 1/40,000 et du 1/20,000 ; sur l'autre, les échelles métriques, du 1/10,000 et du 1/100,000, des levés de garnison et des cartes étrangères.

Sur le petit côté d'arrière E, également taillé en biseau, est gravée une *échelle de pentes* ou *échelle des écartements de courbes* de niveau pour l'équidistance du 1/4 de millimètre de la carte d'état-major et des cartes topographiques en géné-

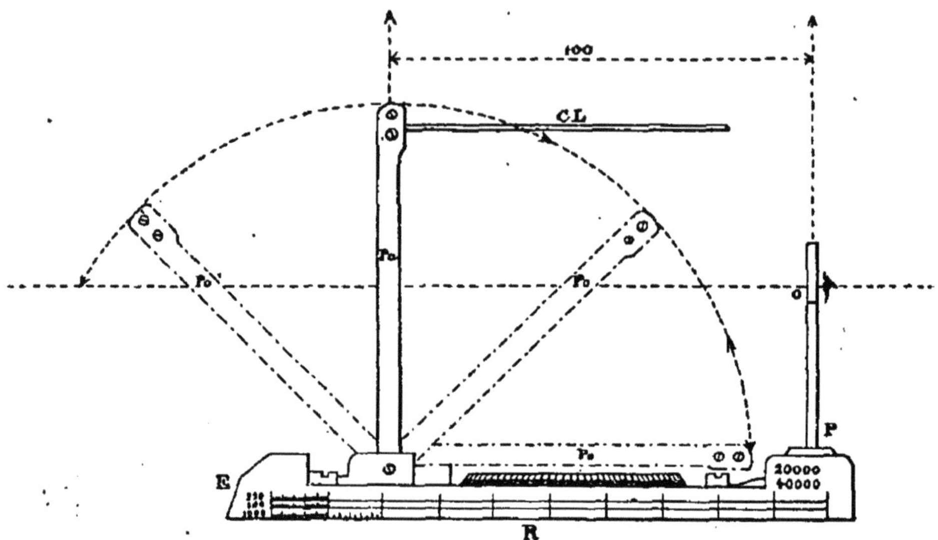

Fig. 1 Élévation et Plan (Demi-grandeur)

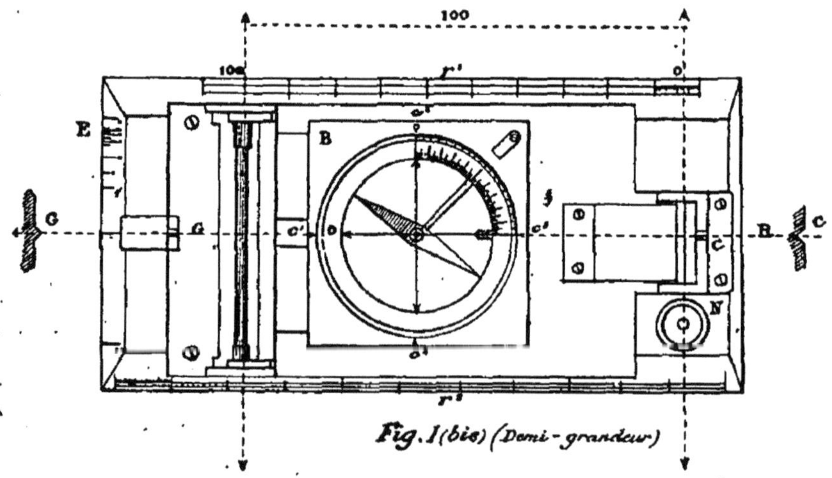

Fig. 1 (bis) (Demi-grandeur)

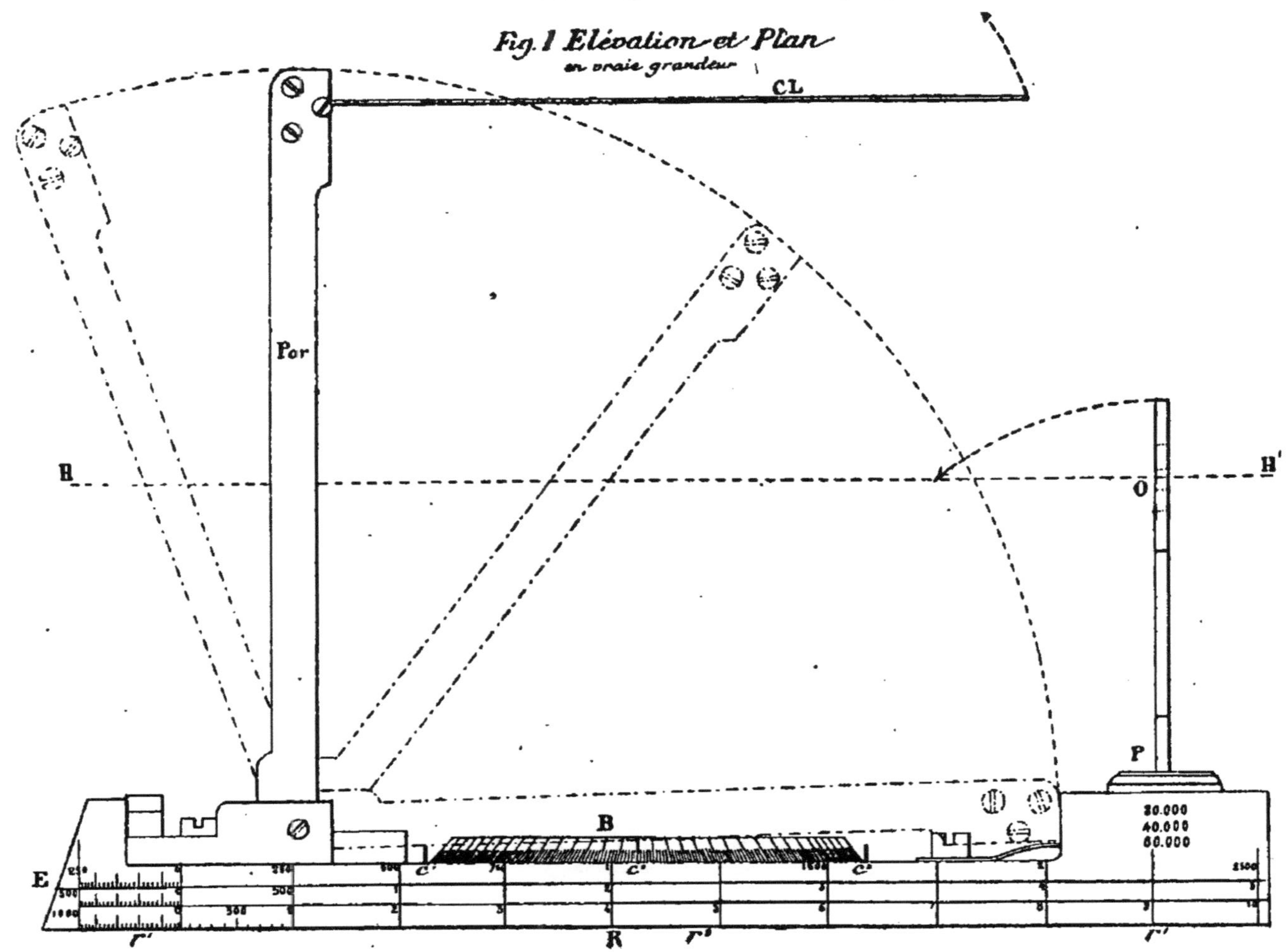

Fig. 1 Élévation et Plan
en vraie grandeur

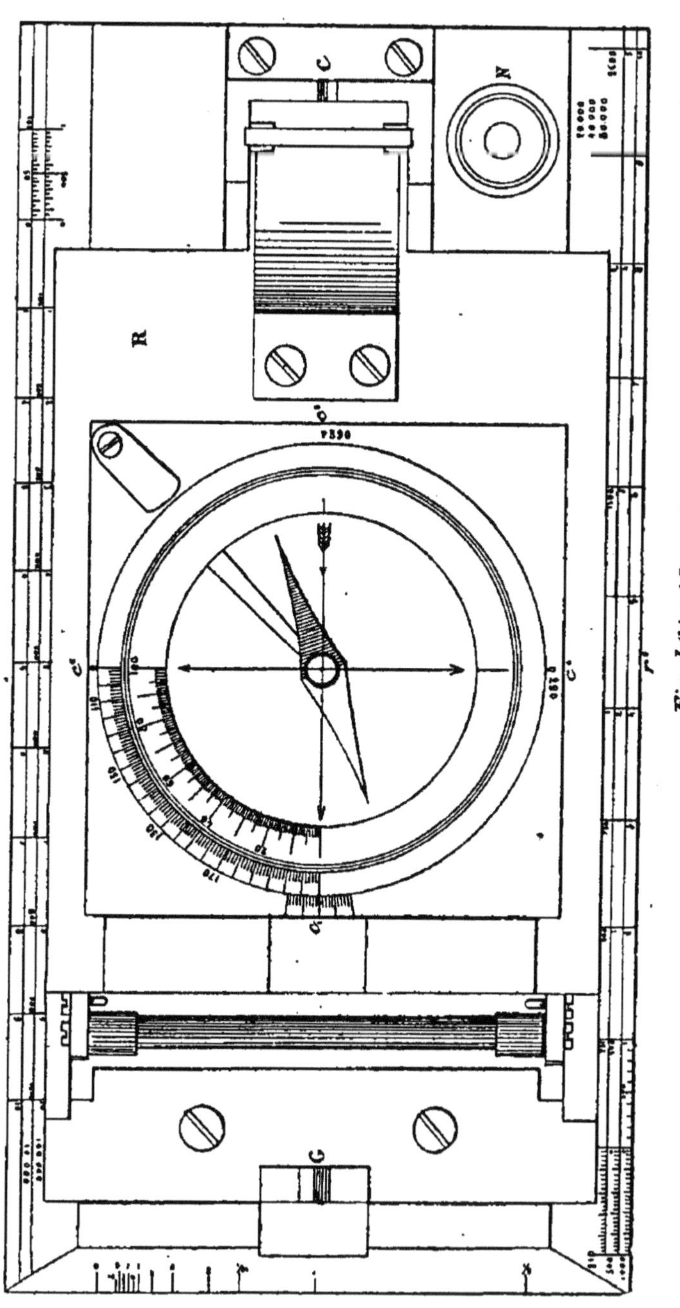

Fig. 1 (bis) (Grandeur nature)

ral : ceci pour exprimer les pentes usuelles de 1/2 à 10 centièmes, en passant par la pente connue de 1/64, limite minima des pentes exprimées en hachures et limite sensiblement maxima des grandes voies ferrées.

Enfin un *Niveau sphérique* est encastré dans la partie avant de la Règle pour les levés à la planchette.

La règle porte sur son grand axe longitudinal la *ligne de visée expédiée* parallèle aux grands côtés ou lignes de foi de l'appareil ; elle est déterminée par une ligne de mire constituée par le cran de mire C et le guidon G à sections équilatérales.

A cheval sur le grand axe s'élève une *pinnule oculaire* (P O), montée à charnière, de façon à pouvoir se rabattre sur la règle pendant le transport. Cette pinnule est terminée par un oculaire rectangulaire spécial.

A une distance de 100 millimètres de la pinnule oculaire, et parallèlement à son plan, c'est-à-dire tangentiellement au cercle de rayon 100, est suspendu dans un *portique vertical* (*p'*), entre deux tourillons ou sur deux couteaux, un *miroir perpendicule translucide* en verre platiné, quadrillé en centièmes, sur lequel sont marqués les deux axes rectangulaires et disposés de telle manière que l'axe horizontal du miroir et l'axe horizontal de l'oculaire forment un plan exactement parallèle au plan inférieur de la règle.

Le miroir est reporté à 150 millimètres pour les observateurs que la vision et la lecture des divisions du miroir fatigueraient outre mesure à la distance de 100. Dans ce cas, la graduation du miroir, au lieu d'être en millimètres, est faite en *millimètres et demi*, centièmes de cette nouvelle distance.

Les yeux bleus et gris se voyant difficilement par réflexion en plein air dans le miroir platiné, il a été établi, au centre de l'oculaire, une *prunelle en cuivre* (*p*) un peu plus petite que la prunelle de l'homme, percée en son centre d'un visuel circulaire (V). La prunelle humaine peut ainsi déborder légèrement pour bien centrer le rayon visuel de l'observateur. L'ouverture du visuel est assez petite pour assurer la visée et assez grande pour embrasser le champ du miroir.

La pinnule étant en laiton noirci, cette prunelle auxiliaire

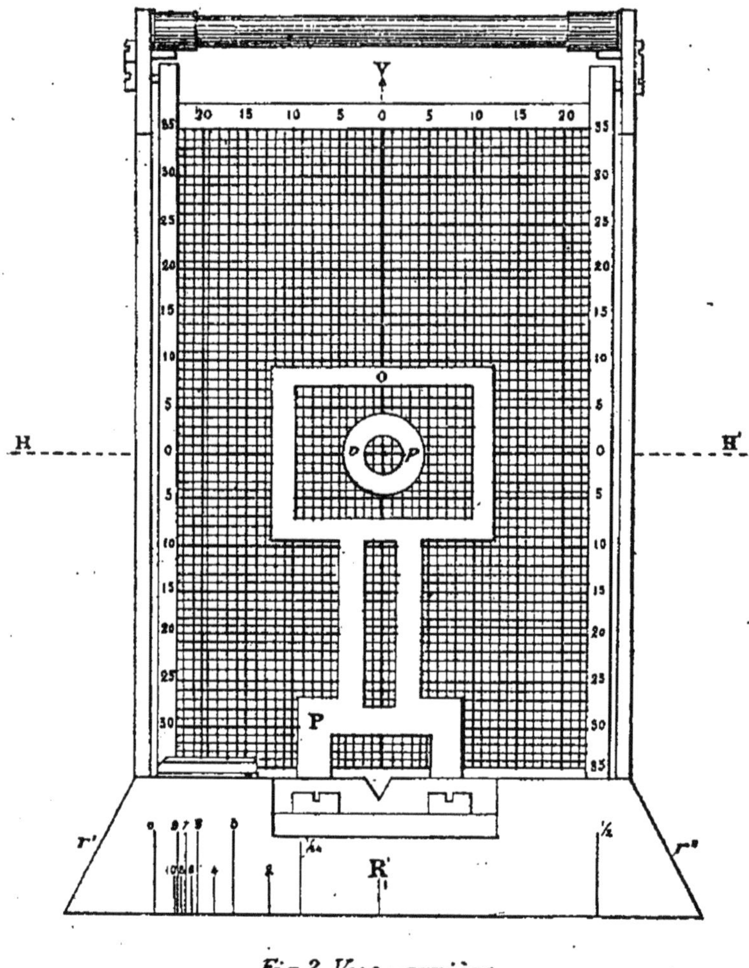

Fig 2 Vue arrière

est toujours très nettement perçue par réflexion dans le miroir. L'axe horizontal de l'oculaire a également été laissé en cuivre poli, pour assurer sa coïncidence par réflexion avec l'axe horizontal du miroir.

L'axe vertical du miroir et l'axe vertical de la pinnule

oculaire forment le plan médian de l'appareil symétrique par rapport à ce plan.

Les divisions sont comptées facilement sur la glace ou lues à droite et à gauche, en haut et en bas sur le cadre.

Une fenêtre est ménagée à la base du miroir pour la visée expédiée, passage de la ligne de mire.

Le portique vertical est monté à *charnière et à crémaillère,* afin qu'il puisse être rabattu sur la règle pour le transport et prendre diverses inclinaisons en avant et en arrière.

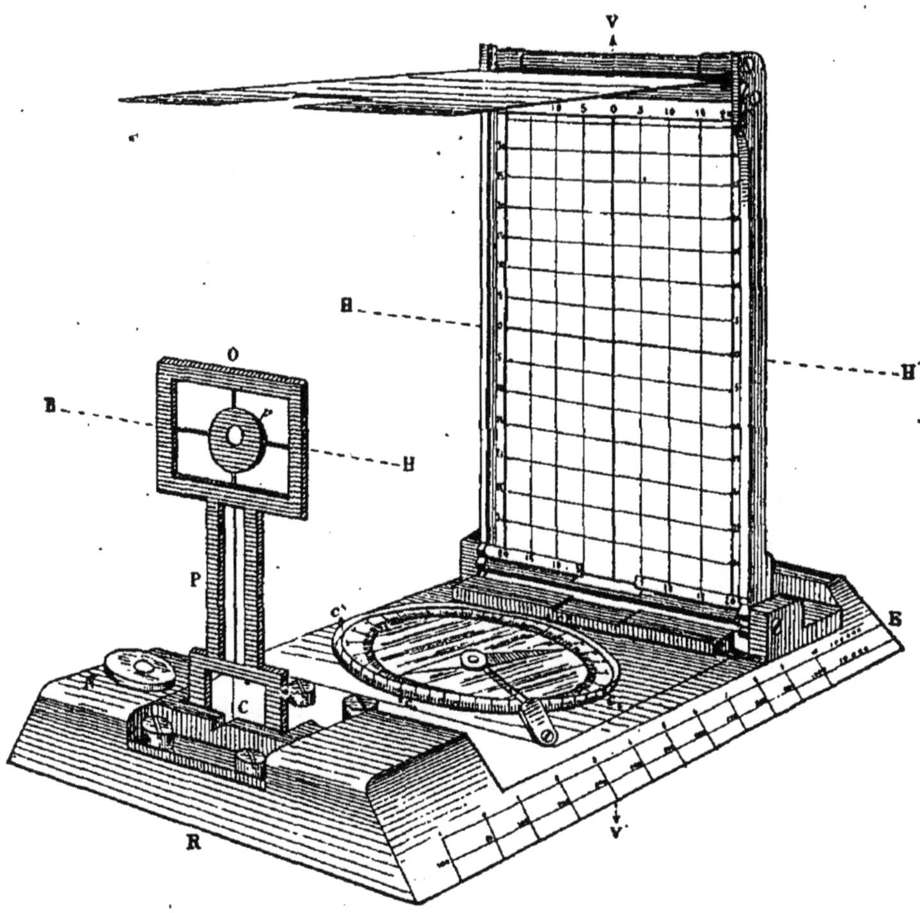

Fig. 3 Vue perspective

L'inclinaison à 45° ou 50 grades, obtenue par la crémaillère et deux *bornes d'appui* pour la glace, donne une image droite et redressée de la boussole.

L'inclinaison, variable en arrière, permet de faire les visées rapides par réflexion, à pied ou à cheval, l'instrument dans la main gauche. On tourne, dans ce cas, l'appareil bout pour bout le bras mi-tendu pour recevoir l'image de l'objet sur les axes superposés du miroir et de la pinnule oculaire réfléchie dans la glace.

Une *goupille-avertisseur*, placée en bas du portique, derrière la glace, modère les oscillations du miroir perpendicule et prévient l'opérateur qu'il s'éloigne du plan de repère du portique, plan médian transversal, qui doit coïncider avec le plan vertical donné par le miroir pendant l'observation.

Un *couvre-lumière* (C L) en laiton noirci sert d'écran aux rayons lumineux verticaux pendant les observations et protège la glace pendant le transport.

2° Boussole-rapporteur directrice.

Une boussole-rapporteur d'angles (B) à limbe rectifiable, dont l'aiguille est placée entre *deux glaces* transparentes, est encastrée, axe sur axe, dans la règle topographique.

La transparence des deux glaces entraîne la suppression du rapporteur et donne plus de précision au report automatique des angles, par rapport à la directrice du levé, ou au méridien pris comme origine dans la carte, en leur superposant l'axe de l'aiguille aimantée, choisie à cet effet de forme concave et effilée.

Sur la glace supérieure sont tracées à angle droit deux *flèches d'alignement*.

Quatre petits repères ou colonnettes C_1, C_2, C_3, C_4 permettent de conserver les axes rectangulaires, quelle que soit la position du limbe rectifiable après rotation.

Le *repère nord* permet de placer le zéro ou une graduation

quelconque, égale à la *déclinaison du lieu,* sur la ligne de mire : l'image de la colonnette en cuivre se reflète dans la surface polie et tronconique du limbe gradué, qui porte les divisions extérieures de la boussole. Ce méplat circulaire, gradué *en grades* donne le prolongement exact des divisions du limbe intérieur, amplifiées proportionnellement au rayon; on peut ainsi assurer le plus exactement possible la position d'une division quelconque par rapport à l'image du repère colonnette. Les colonnettes nord-sud (C_1 C_3) ont la forme d'un cran de mire et d'un guidon.

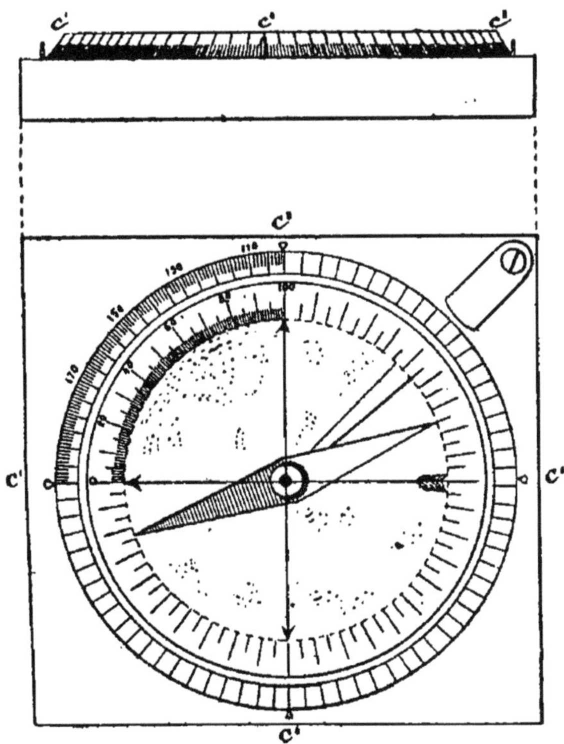

Fig. B Boussole rapporteur

Les flèches de la glace ou les colonnettes servent de ligne de visée élémentaire lorsqu'on emploie la boussole isolément.

Le *limbe rectifiable* de la boussole permet de rapporter

toutes les observations d'angles à la même origine ou nord géographique ou méridien du lieu.

L'aiguille de la boussole peut être immobilisée à un moment quelconque avec un écart minima, à l'aide d'un dispositif à *levier* à double courbure et à verrou vertical; le verrou est manœuvré par l'index de la main droite et l'ongle du pouce.

Afin de supprimer complètement l'emploi du rapporteur pour la lecture, la mesure et le report des angles, le dessus de la boîte porte une *graduation en sens inverse*. On peut ainsi faire marquer un angle quelconque à l'aiguille et le reporter de suite automatiquement.

Pour obtenir plus de précision dans la lecture et l'indication des angles, l'aiguille, formée d'un losange concave très effilé, a été placée un peu au-dessous et presque au contact du limbe gradué. Sa graduation est lue par coïncidence et superposition, dans le plan vertical de la division et de la pointe de l'aiguille; l'observateur est ainsi amené à bien se placer pour lire l'angle.

Si le miroir est disposé à 45°, l'angle est lu dans le miroir. On peut aussi surveiller les oscillations de l'aiguille aimantée pour l'immobiliser dès qu'elle est arrêtée.

La boussole est graduée de préférence en degrés centésimaux de Borda ou grades, afin de simplifier les calculs; cette graduation facilite en outre le levé à l'équerre et les levés par abcisses et ordonnées; il suffit d'ajouter 100 pour élever ou abaisser des perpendiculaires; ses divisions progressent dans le sens des aiguilles d'une montre: les angles horizontaux se comptent et se rapportent selon l'usage dans le sens inverse de 400 à 0.

La boussole-rapporteur peut être facilement retirée de son encastrement et isolée de l'appareil de manière à constituer un instrument de poche, une boussole directrice de campagne absolument indépendante et permettant de résoudre les petits problèmes de lectures des cartes, de marche de manœuvre et de stationnement.

Les nombreux renseignements donnés par la règle topographique en font aussi bien un instrument pratique sur le terrain qu'un instrument de bureau pour la rédaction des ordres sur les cartes diverses ou sur des croquis quelconques.

Une instruction sommaire, collée sous la règle, en résume les divers usages en quelques mots.

III

TOPOGRAPHIE

LEVÉS. — ITINÉRAIRES. — RECONNAISSANCES.

A). Mesure des angles horizontaux. — Tracé des directions et report des distances (planimétrie).

On peut employer trois plans de visée suivant les circonstances :

1° La visée expédiée (Fig. IV).

Le plan de visée expédiée est constitué par le plan vertical passant par le cran de mire et le guidon.

Fig 4 Visée expédiée

Incliner le portique à 45° ou 50 grades. Lever l'instrument à hauteur des yeux, l'angle gauche de la règle maintenu sur le nez ; l'œil prend la ligne de mire en amenant le sommet du guidon tangentiellement à la base du triangle équilatéral renversé, formé par le cran de mire, et dirige le plan vertical passant par cette ligne sur le point visé. Une petite fenêtre ménagée à la base du miroir et du couvre-lumière laisse passer les rayons visuels dirigés sur le but.

2° La visée par réflexion (Fig. V).

Le plan de visée par réflexion est constitué par le grand axe du miroir et l'image de l'axe vertical de la pinnule oculaire, représenté par un fil de laiton noirci, situé dans le plan médian de l'appareil.

Fig. 5 Visée rapide par réflexion

Dresser le portique vertical et déplacer le zéro de la boussole de 200 grades, en le faisant passer du côté de la pinnule oculaire, face au repère Sud. Tourner l'instrument bout pour bout en le levant à hauteur de la poitrine, le bras gauche horizontal. On reçoit alors l'image de l'objet visé sur les deux axes superposés de la glace, que l'on incline à volonté jusqu'à superposition et coïncidence des images.

On peut augmenter la rapidité de la visée en reliant par un fil élastique très léger le milieu du côté supérieur de l'oculaire et le milieu du côté supérieur du portique, ceci lorsqu'on opère à cheval par exemple.

3° La visée normale (Fig. VI).

Le plan de visée normale est constitué par les axes verticaux de la pinnule oculaire et du miroir perpendicule.

Fig. 6 Visée normale

Dresser le portique et la pinnule oculaire. Rabattre le couvre-lumière d'arrière en avant. Lever l'instrument à hauteur des yeux avec la main gauche ; l'œil droit placé aussi près que possible du visuel circulaire, diriger le plan de visé sur le point observé au travers du miroir translucide.

a) *Mesure et report des angles par leur tracé.*

Le point étant visé normalement, les angles sont tracés directement sur le levé, la planchette ou le carnet disposé sur une canne, le long des lignes de foi de l'appareil qui sert d'alidade. Le niveau sphérique assure l'horizontalité du support ; pendant l'observation, la bulle doit être dans son repère circulaire et le miroir dans le plan bissecteur transversal du portique.

b) *Mesure et report des angles à l'aide de la boussole. Usage de la boussole.*

Les angles horizontaux ou azimuts sont mesurés dans le plan du cercle horizontal décrit par l'aiguille aimantée par rapport au méridien magnétique ou géographique ou à un méridien quelconque pris comme origine.

Les directions visées à tracer peuvent être observées, enregistrées ou rapportées de diverses manières, ainsi qu'il suit :

1° Visée expédiée.

En faisant la lecture de l'angle dans le miroir incliné à 50 grades (45°) ; dans ce cas, la visée et la lecture de l'angle sont deux opérations simultanées. Ce procédé convient surtout aux levés expédiés ou de reconnaissance.

Si l'on veut enregistrer l'angle, l'image de la boussole permet de surveiller dans le miroir réflecteur les oscillations de l'aiguille aimantée pour l'immobiliser au moment où elle est arrêtée.

2° Visée par réflexion.

En faisant la lecture de l'angle directement sur la boussole, si, après avoir renversé le zéro, on se sert du plan de visée par réflexion. (Visée à cheval par exemple.)

On peut aussi enregistrer l'angle à l'aide du levier aussitôt que l'aiguille est immobile.

3° Visée normale.

En dirigeant le plan de visée normale sur le but au

travers du miroir perpendicule. L'observateur surveille aussitôt les oscillations de l'aiguille et l'index de la main droite enregistre l'angle dès que l'aiguille est immobile.

4° Report automatique.

Automatiquement, après l'immobilisation de l'aiguille aimantée, qui a enregistré l'angle observé.

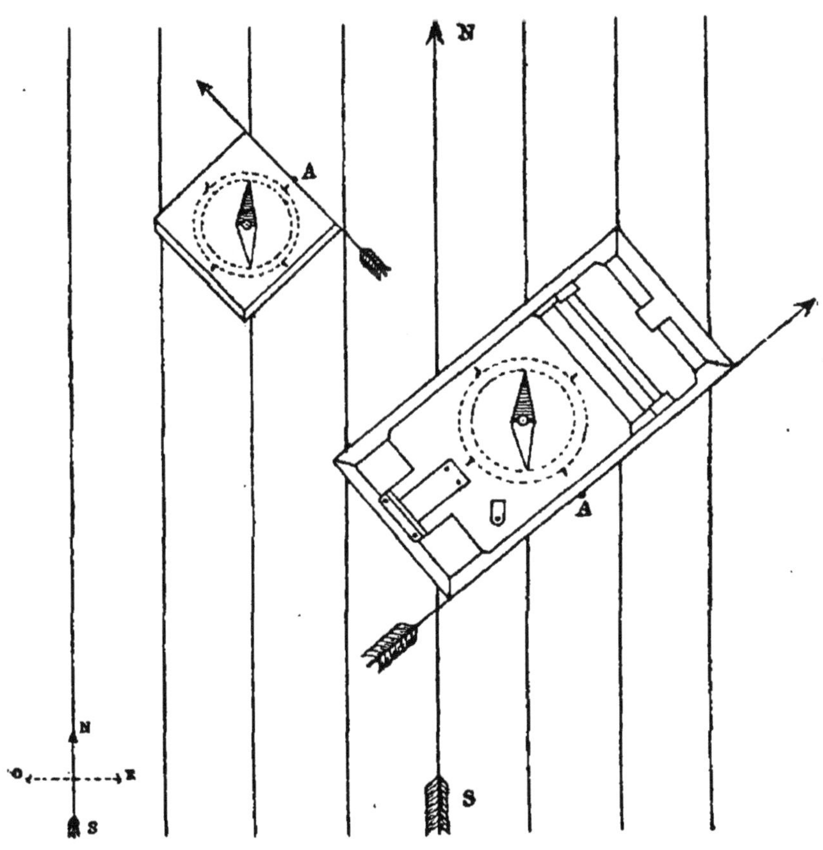

Fig. 7 Report automatique des angles

Pour le rapporter, on fait coïncider par superposition au travers des glaces l'axe de l'aiguille aimantée avec la directrice du levé ou le méridien pris comme origine, la pointe bleue tournée vers le Nord ; il suffit alors de faire glisser la boussole parallèlement à elle-même, l'aiguille restant toujours superposée au méridien ou à la directrice jusqu'à ce que la ligne de foi, ou grand côté de l'instrument, passe par le point de station, puis de tracer l'angle le long de la ligne de foi suivant les flèches du croquis.

5° Lecture de l'angle.

En faisant la lecture de l'angle sur la boussole pour l'inscrire sur un carnet. On peut ultérieurement reproduire l'angle observé à l'aide de l'aiguille aimantée et le rapporter comme précédemment, ou bien se servir de la boussole transparente comme d'un rapporteur.

Les deux dernières façons d'opérer pour la mesure des angles et le tracé des directions peuvent être effectuées avec la boussole seule sortie de son logement. On vise dans ce cas avec la flèche d'alignement tracée sur la glace, les colonnettes repères ou l'un des côtés.

6° Visée par retournement.

Vérification des angles. — Il est souvent utile de vérifier l'angle donné par l'aiguille aimantée si l'on soupçonne une déviation ocale accidentelle (voisinage d'une grille verticale par exemple). Dans ce cas, la visée par réflexion, le limbe restant fixe, sert de vérification à la visée directe, et l'on prend la *moyenne* des angles observés. Si l'on opère avec la petite boussole isolément, on vise une deuxième fois avec le repère sud en avant,et l'on prend également la moyenne des angles observés.

Nota. *Réglage de la boussole.* — Pour régler la boussole sur le méridien magnétique, on amène le zéro de la graduation du limbe en coïncidence avec le repère nord en faisant tourner le limbe tronconique avec les deux pouces.

Pour régler la boussole sur le méridien géographique, on amène en face du repère nord le chiffre de la graduation qui mesure la *déclinaison du lieu* à l'est ou à l'ouest, suivant le sens oriental ou occidental de la déclinaison. Ainsi à Paris, en 1893, on amena la division 17,25 vis-à-vis du repère.

Pour régler la boussole sur un méridien quelconque, on amène vis-à-vis du repère nord le chiffre de la graduation qui mesure l'angle de ce méridien quelconque avec le méridien magnétique.

Nous pouvons donc mesurer, lire et rapporter les angles, tracer les directions par rapport à n'importe quelle origine.

Si l'on opère sur locomoteur en fer, sur une barque, une voiture, sur un cheval harnaché, etc., etc., il faut tenir compte de la *déviation locale* et la mesurer, puis régler la boussole en tournant le zéro de cet angle constant dans un sens ou dans l'autre. Pour trouver cet angle constant, il suffit de viser deux fois le même point (monté et non monté, par exemple, si l'on est à cheval), puis de lire la différence sur la boussole pour obtenir la valeur de la déviation locale. On rectifie ensuite le limbe gradué.

Pour trouver pratiquement, d'une façon expédiée, la déclinaison du lieu en campagne, il faut déterminer la direction du nord vrai, direction de l'ombre à midi, direction de l'étoile polaire à son passage au méridien. On installe ensuite la ligne de foi de l'appareil ou de la boussole, préalablement réglée sur le méridien magnétique, le long de cette direction trouvée : l'angle de déclinaison ou la déclinaison du lieu est marqué par l'aiguille aimantée; il suffit de la lire et de la noter.

Si l'on trouve à proximité un cadran solaire, on installe la ligne de foi le long de la ligne zéro-midi, et l'aiguille indique la déclinaison du lieu. Si la tige du cadran est en fer, on opère sur sa direction jalonnée.

La carte donnant l'azimut géographique d'une direction et la boussole son azimut magnétique, la différence des deux angles donne la déclinaison du lieu.

c) *Mesure des angles horizontaux à l'aide du miroir perpendicule. — Usage du miroir.*

On peut se passer de la boussole et mesurer les angles horizontaux dans le plan horizontal formé par l'axe horizontal du miroir et l'axe horizontal de l'oculaire qui lui est parallèle par construction.

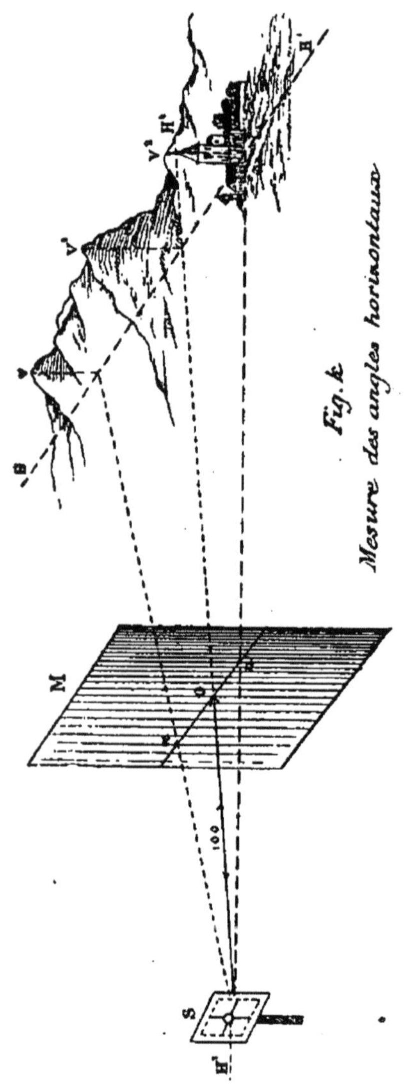

Fig. 4
Mesure des angles horizontaux

Ce plan est effectivement déterminé par le centre optique de l'œil (prunelle en cuivre) et l'axe horizontal du miroir, ainsi que l'on va voir ci-après dans la mesure des angles verticaux.

On prend pour *origine des angles* la ligne de visée horizontale (S O) déterminée par le centre du miroir et le centre du visuel (prunelle en cuivre). Les angles sont mesurés à droite et à gauche par les écartements ou plutôt leur inclinaison sur cette ligne des centres graduée zéro. Ils sont exprimés en centièmes de la distance des deux centres, qui est précisément égale à 100, dans le plan du cercle horizontal de rayon 100 (tangentes).

D'un seul mouvement, on ne peut mesurer que des angles d'amplitude moindre que la demi-largeur du miroir. Cependant, pour permettre à l'observateur de faire un tour d'horizon complet, la largeur du miroir a été déterminée d'après la longueur du côté du polygone régulier circonscrit de 14 côtés au cercle de rayon 100 ($45^{mm},65$).

L'amplitude de l'observation est donc de 22 à 23 centièmes à droite et à gauche de la ligne graduée zéro (centre visuel, centre miroir), exactement 22,8 ; ce que l'on apprécie facilement à la vue simple, en faisant l'observation à 1/5 ou 1/4 de millimètre près.

Le champ d'observation est ainsi de 28 grades 1/2 ou 25 à 26° environ (exactement 28 grades 57 ou 25°42').

Fig. 2' Vue avant

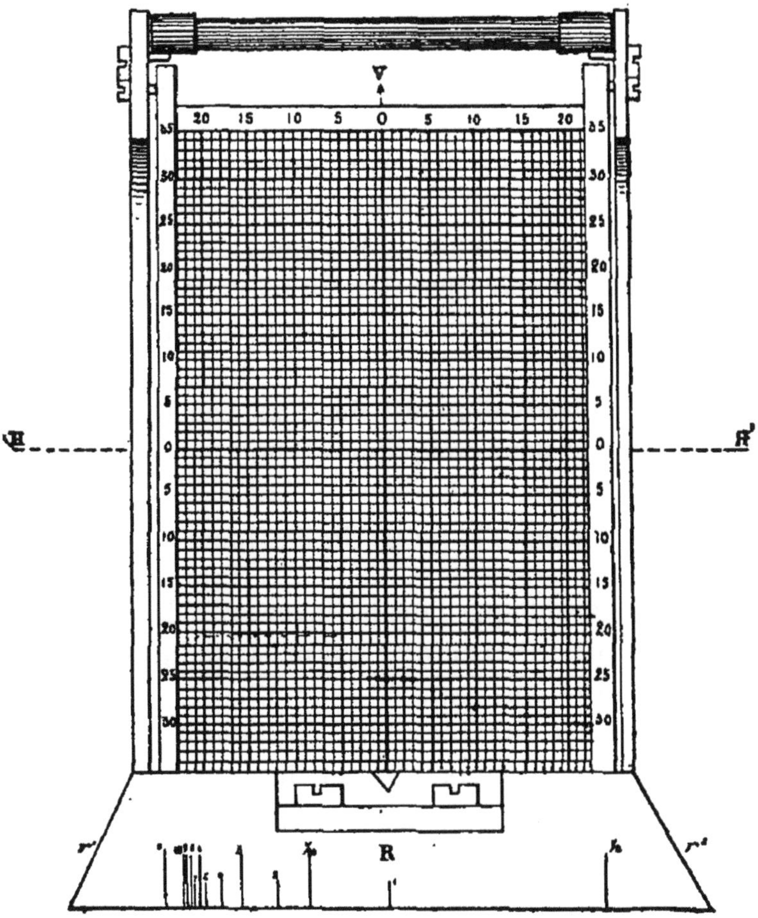

En 14 évolutions liées les unes aux autres, on achèverait la révolution complète du tour d'horizon, 7 par 1/2 tour d'horizon.

En bornant plus simplement l'observation à environ 20 centièmes à droite et à gauche de la ligne des centres (exactement 19,9), il faudrait 16 évolutions correspondant au polygone régulier de 16 côtés (8 par demi-tour d'horizon), 4 par angle droit. Ce dernier mode permet de scinder plus facilement les groupes d'observation. Le champ d'observation est ainsi de 25 grades exactement ou 22°30'.

Des vérifications nombreuses peuvent être obtenues par la répétition des observations, en faisant varier le point de départ pour retrouver exactement l'origine ou le point de passage par des points remarquables ou par 100, 200, 300 et 400 grades, axes rectangulaires bien déterminés de ce tour d'horizon.

Si l'instrument est celui spécial aux vues très fortes et longues, construit sur 150, on bornera l'observation à 15 centièmes 1/2 à droite et à gauche (exactement 15,8). Il faut alors 20 évolutions correspondant au polygone régulier circonscrit de 20 côtés (10 par demi-tour d'horizon), 5 par angle droit.

Le champ d'observation est dans ce cas de 20 grades exactement ou 18° pour chaque position.

d) *Mesure et report des distances.*

La règle topographique dans les levées rapides permet de déterminer les distances en employant la stadia verticale et horizontale décrite plus loin.

Pour reporter les distances, on se sert des échelles usuelles inscrites sur les biseaux. Ces échelles étant multiples ou sous-multiples les unes des autres, il a suffi de changer les chiffres pour les établir les unes au-dessous des autres par série de trois; *les talons* donnent l'approximation topographique du quart de millimètre. Ces échelles sont celles généralement employées pour les cartes françaises et étrangères. On déduira facilement du 1/10,000 les échelles doubles et quadruples du 1/5,000 et du 1/2,500, puis de l'échelle métrique l'échelle du 1/1,000, employées dans les levés à grande échelle. Dans ce cas, il est préférable de faire usage de l'instrument sur une planchette ou un pied convenablement choisi, tel qu'une canne de campagne construite dans ce but.

L'échelle individuelle du pas de l'homme, du cheval, les échelles de circonstance, de temps, horométriques, horokilométriques, podométriques du locomoteur employé peuvent être utilement collées ou exécutées sur le dessous des biseaux de la règle, sur la bande ménagée à cet effet au-dessus et au dessous de l'instruction sommaire.

B) Mesure des angles verticaux et des hauteurs. Différences de niveau. Nivellement.

La mesure des angles verticaux et le nivellement obtenus par la règle topographique sont basés sur le principe suivant :

Si un miroir est perpendicule et par suite exactement vertical, l'axe optique déterminé par les centres optiques de l'œil et de son image est une horizontale.

Cette ligne et le plan horizontal déterminé par ses perpendiculaires (l'axe horizontal du miroir auquel elle est matériellement liée et l'axe horizontal passant par le centre du visuel) serviront d'origine aux angles verticaux.

Au-dessus de cet horizon bien déterminé, on lira les pentes des visées ascendantes positives, au-dessous les pentes des visées descendantes négatives.

Les côtés de ces angles sont, d'une part, l'axe optique horizontal (centre du visuel, centre du miroir) ; d'autre part, la ligne de visée proprement dite (centre du visuel, point visé), *visée normale :* fig. VI.

Dans la manipulation normale, on tient l'instrument à hauteur des yeux, dans la main gauche ouverte, entre le pouce et les quatre doigts, le bord gauche de la règle contre la joue droite dans l'angle du nez, l'œil collé au visuel aussi près que possible. Le coude gauche appuyé au corps assure l'indépendance de la main droite. Celle-ci, saisissant l'appareil entre le pouce et l'index, augmente l'équilibre et la stabilité en assurant la régularité des oscillations du perpendicule jusqu'à l'immobilité suffisante pour faire l'observation.

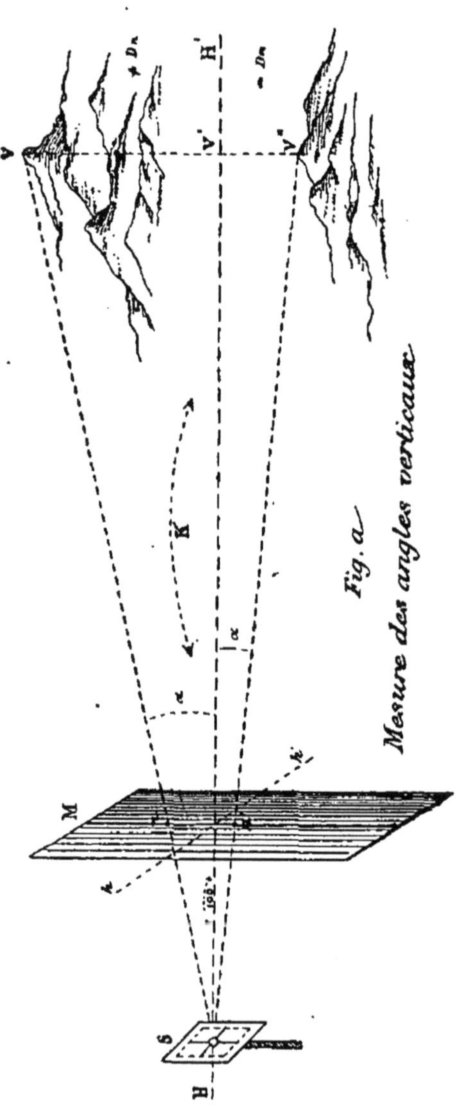

Fig. a
Mesure des angles verticaux

L'œil dirige le plan normal de visée sur le but, puis cherche à intersecter par les deux axes du miroir, formant réticule, l'image réfléchie de la prunelle en cuivre et du visuel.

Pour assurer l'exactitude de ces coïncidences, les axes de l'oculaire ont été laissés polis suivant leurs génératrices, et le passage des axes a été marqué sur la prunelle en cuivre.

Ce résultat obtenu, l'instrument est calé horizontalement; le rayon visuel (dans le plan normal qui passe par le point visé) change immédiatement de direction pour atteindre le point visé lui-même par transparence à travers le miroir translucide et lire la pente en centièmes de la distance qui sépare le visuel du miroir ($n/100$ mesure la tangente de l'angle observé).

Il suffit de lire ou de compter le nombre des divisions comprises entre l'axe optique horizontal et la ligne de visée. On peut traduire l'observation par (pente de tant de centimètres par mètre) de la ligne de visée sur l'horizon.

$$p = \frac{n}{100}.$$

On calcule facilement avec la pente observée les différences de niveau (fig. A) par la formule élémentaire

$$(1)\ \mathrm{D}n = \mathrm{K} \times \frac{n}{100}.$$

K représentant la distance horizontale en mètres du point de station S au point visé V et Dn la différence de niveau, la cote est donnée par la formule du nivellement

$$(2)\ \text{cote V} = \text{cote S} \pm \mathrm{D}n.$$

Si l'on ajoute la hauteur de l'instrument, désignée, selon l'usage, par l'abréviation *dt,* la formule générale du nivellement applicable à l'instrument devient

$$(3)\ \text{cote V} = \text{cote S} \pm dt \pm \frac{\mathrm{K}n}{100}$$

On en déduit la règle générale suivante :

Pour déterminer la cote d'un point, il suffit d'ajouter à la cote connue du point d'observation la hauteur de l'instrument, puis d'ajouter (visée ascendante) ou retrancher (visée descendante) la différence de niveau obtenue en multipliant la distance horizontale des points considérés par le nombre de centièmes lus sur le miroir.

Exemple. — Prenons des chiffres et $dt = 1^{m},50$, hauteur

moyenne de l'œil de l'homme. Cherchons l'altitude de la tour Eiffel.

Soit V le sommet de la tour.

$$\text{Cote V} = 30^{m} + 1^{m},50 + 820^{m} \times \frac{36,4}{100}.$$

Visons V du pont de l'Alma, distant horizontalement de $820^{m} = K$. (Mesure faite sur le sol ou sur la carte.) Cote S = 30 mètres, cote du pont de l'Alma; l'instrument donne $\frac{36,4}{100}$

ou $$\text{cote V} = 30^{m} + 1^{m},50 + 298^{m},50.$$
$$\text{Cote V} = 330 \text{ mètres.}$$

La hauteur exacte de la tour Eiffel est donnée par D*n*, la différence de niveau, plus la hauteur de l'œil au-dessus du sol.

$$298^{m},50 + 1^{m},50 = 300 \text{ mètres.}$$

Remarques. — Rappelons que, dans l'application de la petite formule du nivellement (3), *dt*, hauteur de l'œil au-dessus du sol, est toujours une quantité positive à ajouter, car, si l'on se trouve au pied d'un point élevé de hauteur connue, on déduit immédiatement la cote du sol pour éviter toute soustraction incommode.

On peut même supprimer l'addition de *dt*, si, pour éviter cet embarras continuel, l'observateur a un aide à sa disposition tenant une mire de $1^{m},50$ ou simplement un homme quelconque placé au point visé. On fait passer la ligne de visée sous la coiffure à hauteur des yeux.

Si, dans des cas particuliers, on est amené, en pays très éclairé et très découvert, à faire des visées plus grandes que 1 kilomètre sur des points très nets, il faut ajouter, à partir de 1,000 mètres, à la formule (3), une quantité toujours positive de 10 centimètres par 500 mètres d'augmentation jusqu'à 3,000 mètres et une nouvelle correction de 10 centimètres par 200 mètres d'augmentation jusqu'à 6,000 mètres. Cette correction est due à la sphéricité de la terre et à la réfraction atmosphérique qui abaisse les points.

Pour obtenir plus d'exactitude dans les observations, on peut lire les pentes à 1/4 de millimètre près dans le miroir, puisqu'on opère à la vue distincte; on aura ainsi les pentes à 1/400 près au lieu de 1/100 près. Avec un peu d'habitude d'observation, on arrive très vite à apprécier la moitié, puis le quart du centième donné par l'instrument.

Certains observateurs préfèrent apprécier le 1/5 de millimètre pour estimer la pente à 2 dixièmes près; ce que l'on énonce et transcrit sur le carnet par n^{mm},2 ou n^{mm},4, etc. Ce mode de transcription est très commode pour le calcul et donne les pentes à 1/500 près.

L'appareil permet de mesurer les angles verticaux par les pentes ascendantes et descendantes jusqu'à 35 ou 40 centièmes, ce qui est une limite suffisante, même en pays très accidenté. Cependant, le miroir peut être gradué jusqu'à 50 ou 60 centièmes dans les deux sens. Le miroir serait agrandi et la pinnule oculaire montée à rallonge dans des cas particuliers inhérents aux hautes montagnes.

Représentation du figuré du terrain. — Si l'observation de la pente ou de l'angle vertical est faite suivant une ligne de pente uniforme du sol ou parallèlement à cette ligne, on peut immédiatement *exprimer la forme du terrain* par les courbes de niveau en déterminant les écartements de courbes obtenus. On applique la petite formule usuelle suivante :

$$p = \frac{e}{h},$$

p désignant la pente donnée par l'instrument, h l'écartement des courbes et e l'équidistance graphique des plans horizontaux, généralement égale à 1/4 de millimètre dans toutes les cartes, quelle que soit l'échelle. Si l'on observe dans l'instrument $p = 5/100$, on trouve immédiatement

$$5/100 = \frac{0{,}001/4}{h}, \text{ d'où } h = \frac{25^{mm}}{5} = 5^{mm}.$$

D'où la règle mnémotechnique suivante :

Pour exprimer la pente d'une ligne par des écartements ou points de passage de courbes, il suffit de diviser le chiffre constant 25 millimètres par le nombre de centièmes observés dans le miroir. On joint ensuite les points de passage de même cote par une courbe continue.

Nota. — L'œil s'habitue rapidement à la lecture ainsi qu'à la vision par transparence à travers le miroir translucide ; cette dernière est favorisée par le couvre-lumière.

Pour éviter chez certains observateurs la fatigue qui résulterait de la vision et de la lecture des divisions à 10 centimètres, distance plus faible que la moyenne de la vue distincte, il a été établi sur le miroir un mode de quadrillage déterminant une espèce de moyen terme entre la vue des myopes, que satisferait un quadrillage unique sur le tain platiné, et la vue des presbytes qui demanderait le quadrillage en entier derrière le miroir. A cet effet, le quadrillage de 5 en 5 divisions a été fait sur le tain, et le quadrillage en centièmes sur le revers. On a ainsi facilité pour tous la lecture des observations et obtenu de plus une sorte d'équilibre moyen entre le pouvoir translucide et le pouvoir réfléchissant.

Nota. — Suppression de tout calcul.

1° *Calcul graphique du nivellement.* — On peut obtenir graphiquement et mesurer à une échelle quelconque les différences de niveau en reproduisant graphiquement les observations et résultats donnés par l'instrument. A cet effet, un carnet, quadrillé en millimètres comme le miroir, de la même dimension que l'appareil, lui sera adjoint.

(Fig. B.) Prenons sur le quadrillage un point *o*, représentant le centre du visuel, centre optique de l'œil. Menons une ligne inclinée à $n/100$, en prenant sur l'horizontale une longueur = K à une échelle quelconque : la perpendiculaire vV' représente, à la même échelle, la différence de niveau cherchée Dn.

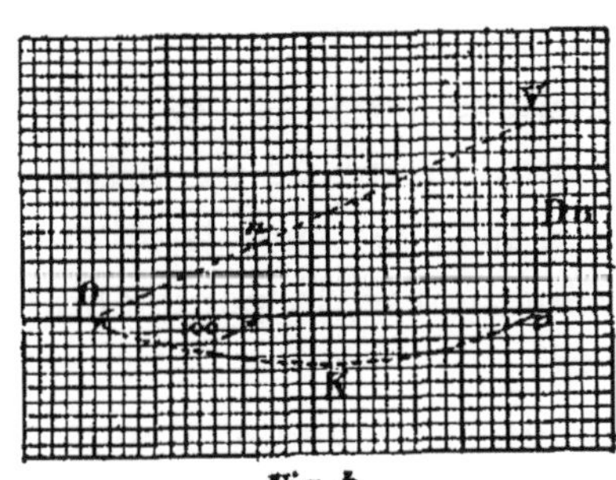

Fig. b
Calcul graphique des hauteurs

Exemple. — Si V représente le sommet de la tour Eiffel visé de O, pont de l'Alma, menons la direction OV indéfinie inclinée à 36,4/100 donné par l'instrument. Prenons Ov = 820 mètres ou 1/20,000e par exemple. En élevant la perpendiculaire en v, la longueur vV nous donnera 298m,50; en ajoutant 1m,50, nous obtiendrons 300 mètres, hauteur de la tour.

2° *Ecartements ou points de passage de courbes.* — Si l'on veut représenter les formes du terrain en courbes (fig. C), l'intersection des horizontales du quadrillage de millimètre

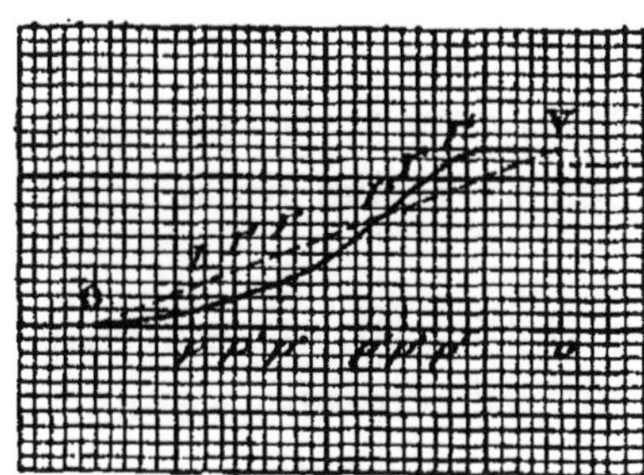

Fig. c
Points de passage des courbes

en millimètre avec la ligne inclinée OV, ou le profil du terrain esquissé par points ou la silhouette dessinée à vue, donne l'intersection des plans horizontaux équidistants avec le sol pour l'équidistance quadruple de 1 millimètre (courbes maîtresses de 4 en 4).

On obtient en projections *p' p'' p''* etc. (points de passage).

Pour avoir les points de passage des courbes pour l'équidistance du 1/4 de millimètre de la carte d'état-major, il suffit de diviser par 4 les écartements obtenus et d'intercaler les courbes intermédiaires, la pente étant supposée uniforme entre ces points.

L'échelle de pente de l'instrument donne les écartements ou points de passage de courbes pour les lignes de pentes usuelles inclinées de 1/2 à 10 centièmes et pour l'équidistance du 1/4 de millimètre.

IV

Télémétrie.

APPRÉCIATION DES DISTANCES DE TIR ET DE LEVÉ EXPÉDIÉ. STADIMÈTRE VERTICAL ET HORIZONTAL.

La Règle topographique est une stadia du deuxième genre verticale et horizontale, constituée par le miroir vertical quadrillé et la distance du visuel au miroir toujours égale à 100.

Si, du point de vue O (fig. D), on embrasse à travers le miroir la base verticale *vV*, convenablement choisie, ou la base horizontale *vV'*, en la couvrant par un certain nombre de centièmes représentés par les lignes *nh* et *hn'*, les rayons visuels intersectant le miroir perpendicule déterminent les points *n* et *n'*.

Appelons D la distance cherchée, B la base (vV ou vV'). Nous obtiendrons avec les triangles semblables formés :

$$D = \frac{B \times 100}{n}.$$

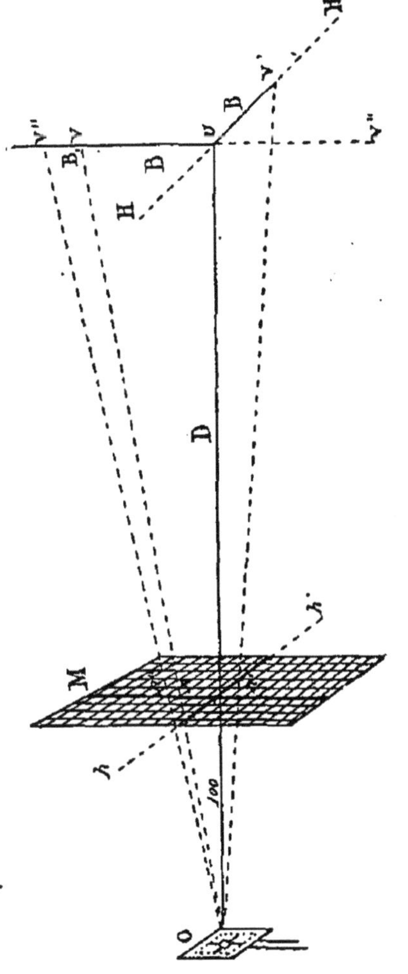

On en déduit la règle pratique suivante :

Pour trouver la distance d'un point à un but connu appelé base, il suffit de diviser cette base elle-même multipliée par 100 par le nombre de centièmes couvrant cette base.

Ce calcul simple et à la portée de tous résulte de la division du miroir en centièmes.

Mais on peut supprimer encore tout calcul, en se servant du carnet quadrillé, qui résout le problème graphiquement.

En effet, trouvons la distance du pont de l'Alma, par exemple, à la tour Eiffel. Nous la couvrons au-dessus de l'horizontale par $\frac{36,4}{100}$. Menons la ligne OV indéfinie inclinée à $\frac{36,4}{100}$ en O ; il reste à élever une perpendiculaire OT de 300 mètres au 1/20,000 par exemple, puis à mener la parallèle TT' et la parallèle Tt. La distance cherchée est représentée par la longueur ot = 820 mètres à la même échelle.

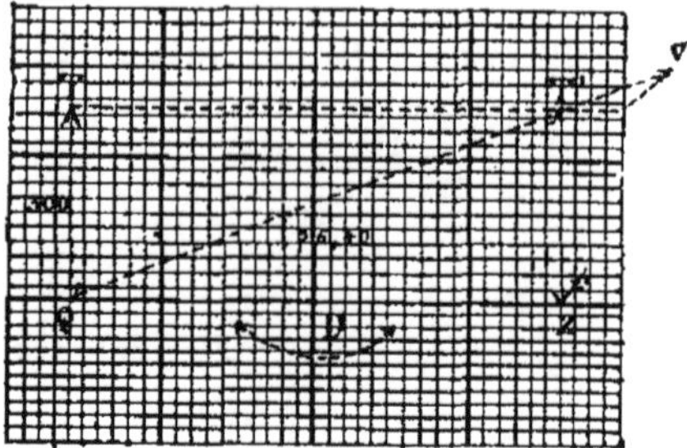

Fig. d'
Calcul graphique des distances

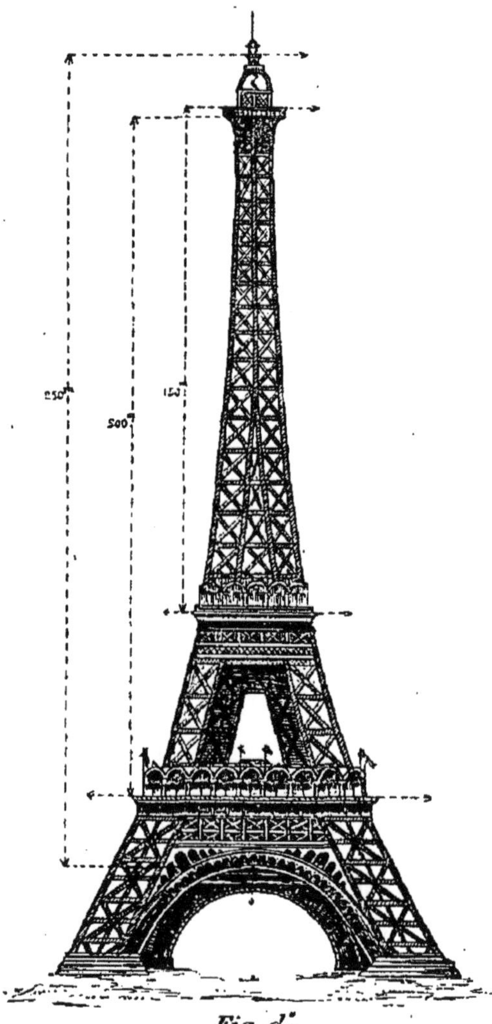

Fig. d''

Peu importe que la base verticale soit appuyée ou non sur l'horizontale Ov. Elle peut être comprise entre deux rayons visuels inclinés, tels que la base B_1, couverte par n' n'' centièmes. Ces lignes sont encore proportionnelles aux hauteurs 100 et D des triangles obliques qu'elles déterminent.

Exemple usuel aux environs de Paris. — La tour Eiffel, visible dans un rayon considérable autour de Paris, présente aux yeux de tous trois bases commodes permettant d'estimer vivement la distance horizontale qui sépare l'observateur de la tour d'Eiffel, n étant le nombre de centièmes couvrant la base.

1re BASE : 250 mètres. — De la clef de voûte des grands arceaux à la base de la petite lanterne sous la pointe :

$$D = \frac{250 \times 100}{n} = \frac{25,000^m}{n}.$$

2e BASE : 150 mètres. — Du pied de la galerie de la deuxième plate-forme à la barre d'appui de la galerie de la troisième plate-forme :

$$D = \frac{15,000^m}{n}.$$

3e BASE : 200 mètres. — De la barre d'appui de la galerie de la première plate-forme au pied de la galerie de la troisième plate-forme :

$$D = \frac{20,000^m}{n}.$$

Il suffit donc, suivant la base embrassée, de diviser les chiffres constants 25^k, 15^k et 20^k, par le nombre de centièmes lus sur le miroir.

En général, aux petites distances, on prend pour base connue la hauteur ou la largeur d'une mire à deux voyants, d'un homme, d'un cavalier, $1^m,60$ et $2^m,50$; aux grandes distances, on prend pour base la hauteur d'un clocher, la largeur d'un monument, d'un parapet, le front d'une troupe, d'une batterie, la hauteur d'un mât, la longueur d'un bateau, la hauteur d'un phare, d'une falaise, etc., etc... Si l'on possède des renseignements certains sur la différence de niveau des deux points considérés, on prend pour base cette différence de niveau elle-même : la formule est la même.

Les bases verticales ont l'avantage d'être toujours exactement parallèles au miroir perpendicule, et de donner plus de confiance dans le résultat obtenu; les bases horizontales peuvent être choisies plus grandes; il est parfois plus facile d'en apprécier la valeur, mais elles sont sujettes à des erreurs de direction préjudiciables à la certitude des calculs.

Tous ces petits problèmes se résolvent par un petit calcul ou graphiquement sur le carnet quadrillé à une échelle quelconque; cependant, pour obtenir immédiatement les résultats, chaque observateur peut établir un petit barème pour une mire connue, 2, 3 ou 4 mètres, de manière à lire la distance correspondant à une observation quelconque.

Divers tableaux ci-après donnent les résultats obtenus en prenant pour base $1^m,60$, hauteur moyenne de l'homme, $2^m,50$, hauteur moyenne du cavalier, et les mires usuelles de $1^m,50$ et de 2 mètres. On doublera pour des mires de 3 à 4 mètres.

Le carnet quadrillé permet, en reproduisant graphiquement les observations, de passer rapidement des distances horizontales aux distances à vol d'oiseau ou longueurs des rayons visuels et inversement, c'est-à-dire de passer des lignes inclinées à leur réduction à l'horizon et réciproquement.

Barème des distances pour les bases de 1m,60, 2m,50, 1m,50; 2 mètres

LECTURE des PENTES en centièmes.	DISTANCES. — Base de 1m,60 FANTASSINS	DISTANCES. — Base de 2m,50 CAVALIERS.	DISTANCES. — Base de 1m,50 JALON-MIRE.	DISTANCES. — Base de 2 mèt. JALON-MIRE.
	Mètres.	Mètres.	Mètres.	Mètres.
0,2	800	1.250	750	1.000
0,25 (1/4)	640	1.000	600	800
0,4	400	625	375	500
0,5 (1/2)	320	500	300	400
0,6	266	416	250	333
0,75 (3/4)	213	333	200	260
0,8	200	312	180	250
1,00	160	250	150	200
1,2	133	208	125	166
1,25	128	200	120	160
1,4	114	178	107	145
1,5	106	166	100	133
1,6	100	156	93	125
1,75	91	142	85	114
1,8	88	138	80	111
2,00	80	125	75	100
2,2	72	113	68	90
2,25	71	111	66	88
2,4	66	104	62	83
2,5	64	100	60	80
2,6	61	96	57	76
2,75	58	90	54	72
2,8	57	89	53	71
3,00	53	83	50	66
3,2	50	78	46	62
3,25	49	76	46	61
3,4	47	73	45	58
3,5	45	71	42	57
3,6	44	69	41	55
3,75	42	66	40	53
3,8	42	65	39	52
4	40	62	37	50
4,2	38	59	35	47
4,25	37	58	35	47
4,4	36	56	34	45
4,5	35	55	33	44
4,6	34	54	32	43
4,75	33	52	31	42
4,8	33	52	31	41
5	32	50	30	40
5,2	30	48	28	38

Barème des distances pour les bases de 1m,60, 2m,50, 1m,50, 2 mètres

LECTURE des PENTES en centièmes.	DISTANCES. — Base de 1m,60 FANTASSINS.	DISTANCES. — Base de 2m,50 CAVALIERS.	DISTANCES. — Base de 1m,50 JALON-MIRE.	DISTANCES. — Base de 2 mèt. JALON-MIRE.
	Mètres.	Mètres.	Mètres.	Mètres.
5,25	30	47	28	38
5,4	29	46	27	37
5,5	29	45	27	36
5,6	28	44	26	35
5,75	27	43	26	34
5,8	27	43	25	34
6	26	41	25	33
6,2	25	40	24	32
6,25	25	40	24	32
6,4	25	39	23	31
6,5	24	38	23	30
6,6	24	37	22	30
6,75	23	37	22	29
6,8	23	36	22	29
7	22	35	20	28
8	20	31	18	25
9	17	27	16	22
10	16	25	15	20

V

Croquis pittoresque.

TABLEAU PERSPECTIF ÉLÉMENTAIRE ET RÉDUCTION DES ANGLES A L'HORIZON.

Croquis pittoresque. — Le miroir perpendicule translucide forme un tableau élémentaire de perspective plane, dont le point de vue est à 10 centimètres du centre du tableau et sur le même horizon. La nature se trouve quadrillée et les rayons visuels émis du point de vue s'appuient sur le quadrillage pour déterminer la position des points principaux en perspective.

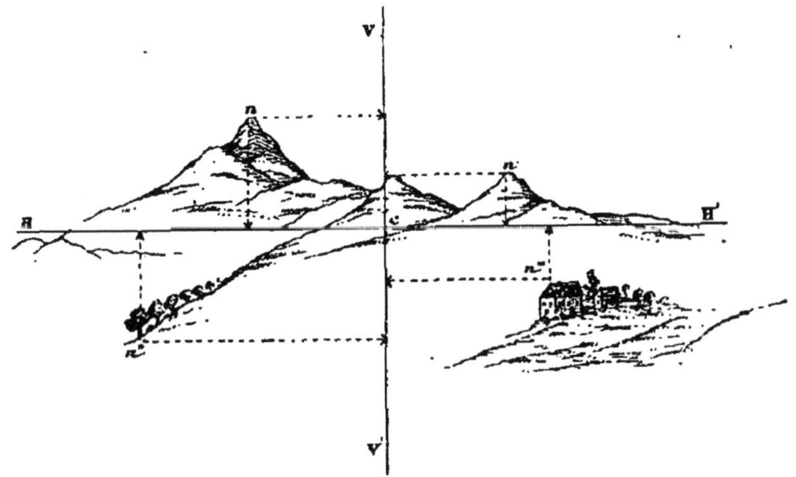

Fig. e Placement en perspective

Si l'on établit (fig. *e*) deux actes rectangulaires représentant ceux du tableau, les points remarquables du paysage considéré, du monument, de l'ouvrage, de la figure, peuvent être rapportés en hauteur et en direction à ces deux axes. Il suffit de lire dans le miroir translucide les écartements ou distances à l'axe vertical VV' en centièmes (abcisses) à droite et à gauche, et les hauteurs au-dessus et au-dessous de l'horizon du point de vue HH' également en centièmes (ordonnées). Les points sont immédiatement rapportés sur papier quadrillé.

On peut amplifier les résultats sur un quadrillage dix fois plus grand, pour replacer ensuite chaque point à sa position relative dans les carreaux de même numéro. Il suffit ensuite d'ajouter les ombres et les lumières à la main pour parfaire le croquis, le profil ou la silhouette.

Réduction expédiée des angles à l'horizon. — Si l'on reproduit les axes rectangulaires du miroir et si les points NN' de la nature sont placés en perspective en *nn'* (fig. F) comme précédemment, en joignant au point de vue V, distant de 10 ou 15 centimètres du miroir, les points *a* et *a'* projections horizontales de *n* et *n'*, on obtient la réduction graphique à l'horizon de l'angle de l'espace NVN', sous lequel on voit les points N et N'.

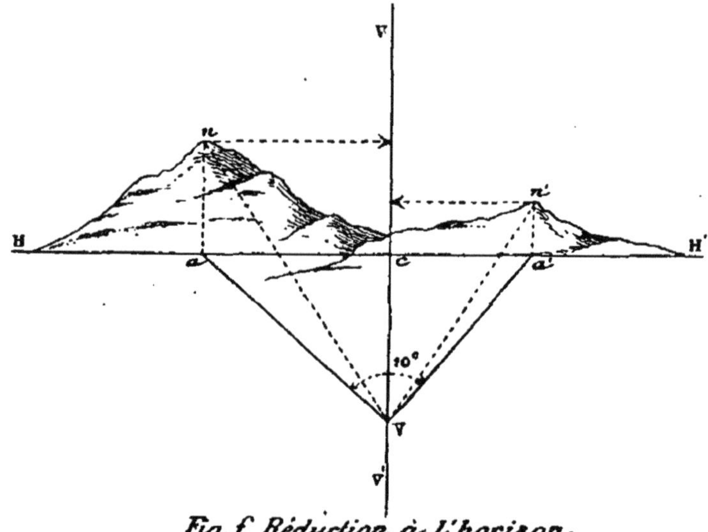

Fig. f Réduction à l'horizon

Il suffit donc, pour obtenir rapidement le résultat, même sans placer les points *n* et *n'*, de lire les écartements en centièmes, de les reporter en *a* et *a'* et de les joindre au point de vue : l'angle V est l'angle cherché. Le papier quadrillé rend la solution très simple.

Fig. g Réduction à l'horizon

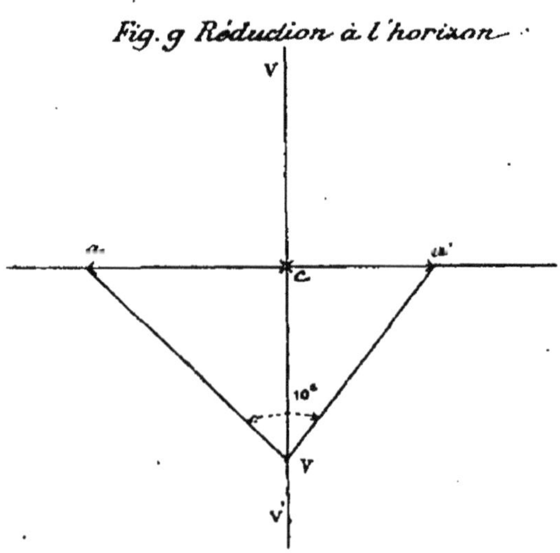

VI

Problèmes à résoudre sur la carte.

LECTURE DE LA CARTE, RÉDACTION DES ORDRES. — COMPLÉTER LA CARTE

1° Orienter la carte.

Pour cela, régler la boussole sur le méridien géographique, en amenant le chiffre de la déclinaison vis-à-vis du repère Nord, installer une des lignes de foi le long d'un méridien ou d'une directrice du levé et tourner la carte jusqu'à ce que la pointe bleue marque zéro.

2° Mesurer un angle sur la carte.

Orienter la carte, puis faire coïncider la ligne de foi avec la direction dont on veut mesurer l'azimut et lire l'angle indiqué par la pointe bleue de l'aiguille.

Si l'angle à mesurer est un angle quelconque, on l'obtient en faisant la différence des azimuts des deux directions.

On peut également se servir de la boussole comme d'un simple rapporteur.

On obtient ainsi, d'après la carte, l'angle de marche sous lequel la troupe doit se diriger pour atteindre un objectif déterminé à grande distance sans l'apercevoir ; l'angle sous lequel une troupe doit établir son front pour combattre, manœuvrer, camper et bivouaquer. Ces directions sont alors exactement repérées par rapport à la ligne Nord-Sud. Le commandement peut ainsi faire exécuter des marches convergentes et divergentes, en donnant non seulement les angles de marche, mais aussi la direction des fronts à conserver.

3° Rapporter un angle, une direction sur la carte.

Si l'angle est donné par l'azimut de ses deux côtés, on rapporte successivement ces deux directions.

On rapporte une direction en faisant marquer à l'aiguille l'azimut donné : on l'immobilise en cette position, puis, faisant coïncider l'aiguille avec un méridien ou la directrice du levé, on rapporte la direction automatiquement, comme il a été indiqué.

Pour rapporter un angle quelconque, on peut aussi se servir de la boussole comme d'un rapporteur.

4° Mesurer et reporter les distances sur la carte.

Les diverses échelles de la règle topographique sont celles employées couramment ; elles permettent d'obtenir le résultat sur la plupart des cartes françaises et étrangères : il suffit d'installer la ligne de foi convenable sur la direction considérée. Pour plus d'exactitude, se servir du compas à pointe sèche pour reporter la distance à l'échelle, et réciproquement.

5° Apprécier et exprimer les pentes. — Tracé et rétablissement des courbes de niveau sur la carte.

L'échelle des écartements de courbes pour l'équidistance normale de $\frac{0,001}{4}$ permet d'apprécier rapidement les pentes usuelles de 1/2 à 10 centièmes.

On établira l'échelle perpendiculairement aux courbes ou parallèlement aux hachures pour comparer les écartements de l'échelle aux écartements des courbes de la carte ou longueurs de hachure.

On appréciera les pentes intermédiaires par interpolation.

Inversement, l'échelle permettra de rétablir rapidement les points de passage des courbes sur une carte en hachures, sur une direction de pente observée ou sur une ligne de plus grande pente connue, pour les mêmes pentes usuelles de 1/2 à 10 centièmes.

Les écartements correspondant aux pentes plus faibles ou plus fortes seront rapidement calculés, en divisant le nombre constant 25^{mm} par le chiffre des centièmes observés, ainsi que nous l'avons vu précédemment :

$$\left(n/100 = \frac{0{,}001/4}{h} \right), \text{ d'où } h = \frac{25^{mm}}{n}.$$

Le tableau des pentes suivantes permettra de fixer dans la mémoire quelques expressions de pentes qu'il est souvent nécessaire de connaître. Elles servent de points de repère.

Pour une pente de........	100/100 ou 1/1	(45°),	l'écartement est	0^{mm},25 ou 1/4^{mm}.
Limite. Infanterie........	80/100 — 4/5	(30°).	—	0^{mm},31 — 1/3^{mm}.
Limite. Mulets..........	50/100 — 1/2	(25°).	—	0^{mm},05 — 1/2^{mm}.
Limite. Cavalerie.........	40/100 — 2/5	(22°).	—	0^{mm},62 — 2/3^{mm}.
	33/100 — 1/3	(18°).	—	0^{mm},75 — 3/4^{mm}.
	25/100 — 1/4	(15°).	—	1^{mm} — 1^{mm}.
Limite. Voitures enrayées...	20/100 — 1/5	(10°).	—	1^{mm},25 — 1^{mm},5.
Pente topographique......	12,5/100 — 1/8	(8°).	—	2^{mm}
	10/100 — 1/10	(6°).	—	2^{mm},5
Limite. Voitures non enrayées.	6/100 — 1/16	(5°).	—	4^{mm}
Route nationale.........	5/100 — 1/20	(4°).	—	5^{mm}
Route départementale......	4/100 — 1/25	(3°).	—	6^{mm},25
Pente topographique......	2,5/100 — 1/40	(1°).	—	10^{mm}
Maxima des voies ferrées...	1,56/100 — 1/64	(1/2°).	—	16^{mm}

Réciproquement, pour un écartement tel que les précédents, la pente est de..., etc., etc., quelle que soit l'échelle de la carte.

Ces divers problèmes permettent de compléter la carte et d'y rapporter les divers itinéraires, tracés ou études diverses.

L'orientation de la carte en toute circonstance sur le méridien géographique donne l'avantage de rapporter toutes les observations à une origine fixe invariable, qui est le Nord vrai, celui de la carte elle-même, et de pouvoir faire des études sur la carte dans son bureau de travail, comme si l'on était sur le terrain lui-même réduit à l'échelle et transporté sous la main.

VII

Problèmes à résoudre sur le terrain, en marche ou en manœuvre. — Boussole directrice.

1° Trouver l'angle de marche sous lequel s'exécute ou doit s'exécuter une marche, autrement dit trouver l'orientation ou l'azimut d'une direction.

Vérifier le réglage de la boussole, puis viser cette direction avec l'instrument et lire l'angle à la pointe bleue : on prend, suivant le cas, une des lignes de visée décrites précédemment. L'objectif est visible du point de départ. Sinon, on se sert de la carte.

2° Marcher de jour ou de nuit dans une direction donnée ou sous un angle de marche donné. — Faire marcher plusieurs subdivisions parallèlement à elles-mêmes sous le même angle de marche de manière à conserver leur front et leurs intervalles.

L'adjudant-major, le commandant de compagnie ou l'officier chargé de la direction dans chaque subdivision tourne la boussole ou l'appareil jusqu'à ce que l'aiguille aimantée marque l'angle de marche donné : en ce moment précis, l'axe ou ligne de visée de la règle ou les côtés des lignes de foi indiquent la direction à suivre. Il suffit de placer des jalonneurs, de faire marcher les guides, les fourriers et de prendre des points à terre intermédiaires dans cette direction. La nuit ou par un brouillard épais, on fait porter un fanal dans la direction, derrière le dos des guides. Quel que soit le moyen employé, on vérifie souvent la direction de la marche avec la boussole par les mêmes moyens.

Le commandement peut aussi, en faisant varier les angles de marche, assurer le mouvement convergent ou divergent des différents éléments qu'il a sous ses ordres et qui se trouvent parfois rassemblés à une certaine distance les uns des autres.

3° Etablir de jour ou de nuit le front d'une ligne, d'une troupe, en station, en réserve, au bivouac; la faire marcher perpendiculairement à une direction donnée. — Vérifier la direction du front si la troupe est en marche dans une direction donnée.

Ajouter 100 grades à la direction donnée (25 par exemple) et tourner la boussole ou l'appareil jusqu'à ce que l'aiguille marque 125. En ce moment précis, l'axe ou les côtés des lignes de foi donnent la direction cherchée; il suffit de placer des jalonneurs ou de rectifier la marche des ailes, si l'on est en marche, pour éviter les flottements. La nuit, on peut placer deux fanaux, aux extrémités du front pour le vérifier, sur le flanc ou derrière le dos des jalonneurs ou guides.

Un deuxième procédé moins expéditif consiste à repérer la direction du front lui-même par rapport à la ligne nord-sud.

4° Trouver rapidement sa position exacte sur la carte (faire le point... problème de la carte), ou la position d'un point sur une carte (problème des marins).

Régler la boussole sur le méridien géographique, viser deux points reconnus et rapporter automatiquement les azimuts sur la carte. L'intersection des deux directions rapportées donne le point cherché.

Si l'on veut vérifier, on peut viser un troisième point; la troisième direction doit passer par le point déjà obtenu.

5° Passer rapidement de la carte au terrain pour le tracé rapide d'une ligne de défense sur le terrain et réciproquement sur la carte.

Mesurer successivement la direction des divers fronts sur la carte après avoir établi correctement le point de départ, puis la direction du premier front par rapport aux directions à battre et à celles dont il faut se défiler en mesurant son azimut sur la carte. Rattacher les autres directions du tracé au premier front en mesurant les divers azimuts et les distances sur la carte pour les jalonner ensuite sur le terrain.

De même, on peut établir rapidement et très correctement une ligne de manœuvre et diverses lignes d'une revue nombreuse.

6° Petits levés auxiliaires.

---

a) *Levé rapide à l'équerre.*

Ce levé, dit aussi *levé par abcisses et ordonnées*, peut être obtenu facilement à la boussole graduée en centièmes. La facilité d'élever et d'abaisser les perpendiculaires en ajoutant 100 grades à une direction considérée permet de placer rapidement les points par abcisses et ordonnées comme dans le levé exécuté avec les équerres diverses.

b) *Levé par rayonnement.*

On établit rapidement un tour d'horizon à la boussole, au miroir ou à la planchette en traçant les directions le long des lignes de foi de l'appareil. On peut simultanément faire du nivellement direct ou indirect pour obtenir les cotes des points visés.

c) *Distances de levé.*

Le stadimètre rend très simple l'estimation des distances nécessaires aux levés précédents. On envoie aux divers points considérés un aide muni d'une mire, d'un fanion, ou d'une mire à deux voyants séparés de 2 mètres par exemple.

On obtient immédiatement les distances comme il est dit plus haut au chapitre de la télémétrie. Pour éviter tout calcul, on peut se servir du barème établi pour 2 mètres.

d) *Nivellement direct expédié.*

Le plan horizontal déterminé par le miroir permet de niveler rapidement une ligne directement à l'aide d'une mire étalonnée, ou divers points par rapport à un point donné de cote connue ; il suffit d'envoyer successivement la mire aux points considérés, et d'y assurer successivement la mire en position jusqu'au plan horizontal passant par l'œil de l'observateur.

e) *Filer une courbe horizontale, la lever par points.*

Supposons, par exemple, l'observateur avec l'instrument au point S cote 30 et proposons-nous de filer la courbe 30 elle-même.

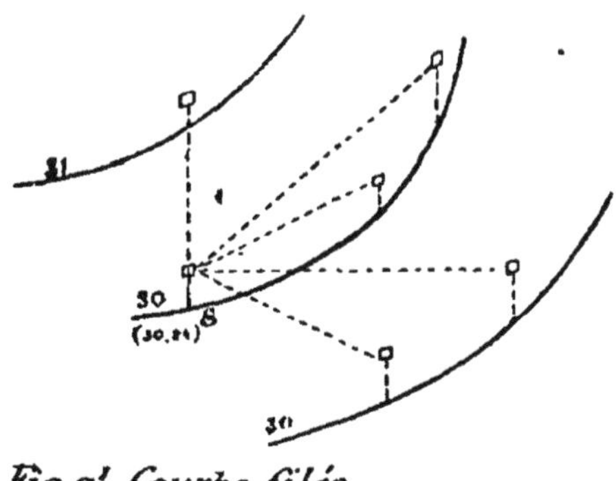

Fig. 9' Courbe filée

Prenons une mire à deux voyants ; en chaque point du terrain coté 30, la mire posée à terre et tenue verticalement devra présenter son voyant dans le plan horizontal passant par l'œil de l'observateur (courbe intermédiaire). Il suffit donc de placer l'un des voyants à la même hauteur que l'œil au-dessus du point 30 et de faire circuler la mire vers les points qui paraissent de même niveau, puis de les viser en direction avec l'instrument, en arrêtant la position du jalon-mire dans le plan horizontal passant par l'œil, enfin de déterminer la distance à l'aide du stadimètre, qui encadre entre ses divisions les deux voyants espacés de 2 mètres par exemple et disposés rapidement à cet écartement.

Mais l'observateur est généralement placé en un point S de cote quelconque..... $30^{m},24$..... et son œil est par exemple à $1^{m},50$ au-dessus, ce qui donne $31^{m},74$. On est donc amené pour filer la courbe 30 à placer le voyant à $1^{m},74$ en l'élevant de 24 centimètres, puis à faire descendre le porte-mire dans le sens de la pente jusqu'à ce que son voyant passe dans le plan horizontal considéré. On le fait ensuite circuler pour obtenir différents points, que l'on réunit par une courbe continue.

Pour filer une courbe supérieure, la courbe 31 par exemple, plus élevée de $0^{m},76$, il faut au contraire abaisser le voyant de cette quantité avant de faire rayonner le porte-mire vers le haut ($1^{m},50 - 0^{m},76$) $=$ $0^{m},74$ hauteur du voyant.

7° Appréciation et mesure des pentes.

a) *Pente d'une direction.*

Diriger le plan de visée normale sur le point considéré et lire la pente en centièmes.

b) *Pente d'une route, d'un terrain.*

La solution est la même pour la pente d'une route, d'un

terrain, où il faut faire marcher de l'artillerie, un convoi, des troupes diverses.

Avoir soin de viser un point à hauteur d'homme ou une mire de $1^m,50$, ou un homme qui marche ou stationne à hauteur des yeux sous la coiffure. Il en est de même si l'on est à cheval.

Il est souvent nécessaire de comparer les pentes entre elles et d'étudier leur accessibilité. Elles sont plus ou moins praticables aux différentes armes et aux différents véhicules. Il est aussi souvent nécessaire de les reconnaître ou de les exprimer sur un croquis par l'écartement des courbes et même d'en conserver approximativement la trace dans la mémoire ; on se reportera utilement pour ces données usuelles au tableau transcrit au chapitre VI des problèmes à résoudre sur la carte.

8° Distances de tir.

a) *Stadimètre.*

Estimer les distances au stadimètre, ainsi qu'il est dit plus haut au chapitre de la télémétrie. Couvrir une base verticale ou horizontale d'autant plus grande que la distance jugée est plus grande.

b) *Boussole et carnet quadrillé.*

On peut aussi résoudre graphiquement sur le carnet quadrillé le triangle télémétrique rapidement constitué de la manière suivante :

Viser le point x dont on cherche la distance au point A où l'on stationne. Ajouter 100 grades à l'azimut trouvé et tourner la boussole jusqu'à ce qu'elle marque ce nouvel angle : la ligne de visée donne la perpendiculaire Ay. Marcher vers y en mesurant une base B sur le terrain au pas ou au stadimètre. Reporter cette base AB et viser Bx. Rapporter l'azimut de Bx. Enfin, mesurer Ax = D à l'échelle adoptée pour la construction du triangle.

Fig. h Triangle télémétrique

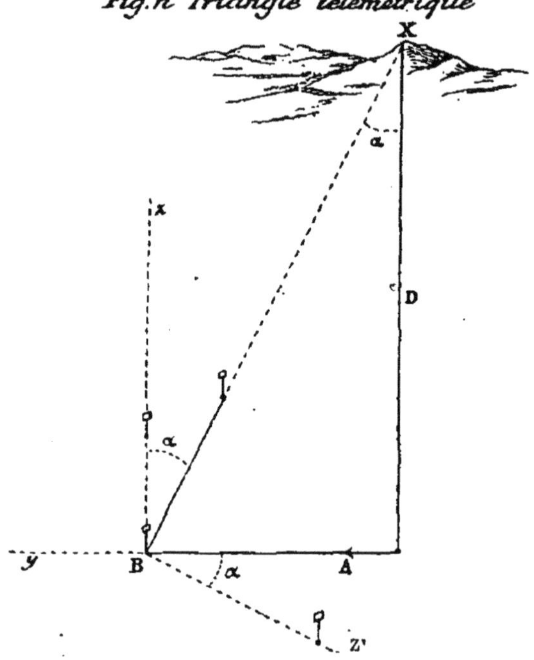

c) *Usage du miroir.*

Résoudre le même triangle par le calcul élémentaire suivant :

Viser le point X et élever comme précédemment sur le terrain la perpendiculaire AB prise comme base. Mesurer AB : arrivé en B, élever la deuxième perpendiculaire indéfinie BZ à AB. Faire planter un jalon sur cette direction, puis mesurer en centièmes à l'aide du miroir l'angle ZBX, l'égal de l'angle α, soit $n/100$ lus sur le miroir. Appelons K la base mesurée AB.

$$D = K \times n/100 \text{ (tangente).}$$

Si un obstacle est en avant de B, on élèvera la perpendiculaire BZ' d'un autre côté à BX, et l'on mesurera l'angle ABZ' = α, ce qui mène au même résultat. L'angle α, étant généralement très petit, sera toujours dans le champ du miroir; on lira les centièmes autant que possible à 1/4 ou 1/5 de millimètre près.

9° Pentes de tir. — Tir incliné.

a) Dans le tir, l'appréciation des pentes est devenue d'une importance primordiale depuis l'adoption des armes à trajectoire tendue. D'une observation bien faite à l'aide de la règle topographique, on pourra déduire ou changer l'emplacement ou le dispositif des troupes, apprécier les zones dangereuses et les hausses à donner aux fractions exécutant des feux d'ensemble pour produire le plus grand effet utile. On cherchera, en visant un fond, une crête, à déterminer l'inclinaison moyenne du terrain, qui mène à ce fond, à cette crête ou l'inclinaison d'une ligne de mire dirigée sur un point donné à couvrir de feux, ou l'inclinaison de la ligne de mire ennemie par rapport au terrain occupé. L'appréciation de ces pentes diverses permettra d'en tirer des conclusions et des applications immédiates et pratiques, aussitôt la lecture faite au miroir.

Si nous considérons la ligne de mire du fusil dans ses positions diverses, nous pouvons envisager le tir sous trois aspects différents, le tir en terrain horizontal sur le même niveau, le tir incliné au-dessus de l'horizon dirigé suivant une pente ascendante et le tir incliné au-dessous de l'horizon dirigé suivant une pente descendante. Ces deux derniers cas résument l'attaque et la défense dans la conduite du combat moderne jusqu'à l'assaut final.

Proposons-nous à l'aide de la règle topographique de déterminer les éléments les plus simples de la situation, c'est-à-dire la pente (p), le relief ou différence de niveau des combattants (Dn) et la distance qui les sépare (k) :

$$p = \frac{Dn}{K}, \quad Dn = p x K, \quad K = \frac{Dn}{p}.$$

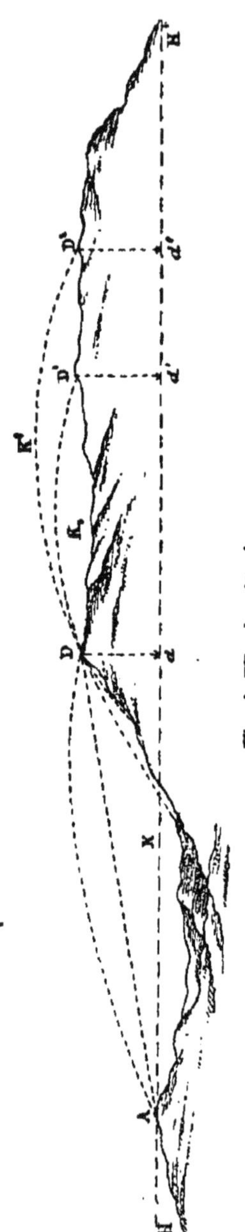

Fig. 1 Tir incliné

p (la pente du terrain) est donné en centièmes par l'instrument $n/100$;

D*n* (le relief) peut être donné sur la carte par la différence des cotes (cote D — cote A), ou calculé à l'aide de la pente;

K (la distance des objectifs) est donnée par la carte ou estimée au stadimètre.

Prenons les calculs élémentaires et pratiques préconisés par le général Warnet dans ses ***Etudes sur les feux*** *d'infanterie.*

b) *Tactique de l'attaque* (*tir ascendant*).

Pour maintenir la supériorité du feu de l'agresseur, il faut priver le défenseur de tout refuge, de tout angle mort où il puisse s'abriter. Il faut que la trajectoire moyenne des feux exécutés ait pour ordonnée maxima le commandement ou relief du défenseur, c'est-à-dire D*n*, et que le défenseur soit entièrement sous la branche descendante de cette trajectoire. Nous avons donc à trouver la distance minima à laquelle l'assaillant puisse exécuter des feux réellement efficaces : elle est donnée par la petite formule (fig. I)

$K = (Dn + 50)\ 10$ ..... (limite des feux efficaces).

Conclusion.

Marcher et tirer vigoureusement jusqu'à une distance égale à K et de là précipiter l'assaut en profitant de tous les couverts. C'est le moment propice aux diversions des ailes et attaques de flanc des troupes ménagées à cet effet.

Chaque parti a à étudier au stadimètre et sur la carte la distance, la valeur et l'importance des abris divers ou obstacles pouvant entraver l'action ou nuire à la direction des feux en ce moment déterminé.

c) *Tactique de la défense* (*tir descendant*).

La défense devra, après avoir étudié les pentes et les abords de la position, prendre les dispositifs minces, éloigner ou abriter ses réserves au début de l'action, et *repérer* cette distance K, si importante pour elle, enfin réserver tout son effort, ses contre-attaques et l'entrée en ligne des renforts pour l'instant où l'agresseur aura dépassé cette distance K, tout en cherchant par ses feux d'avant-lignes à l'empêcher d'atteindre cette distance.

Mais les avant-lignes peuvent être appelées à un moment donné à démasquer les troupes de seconde ligne.

Il y a donc lieu de chercher à donner, non seulement la supériorité, mais l'intensité maxima au feu du défenseur pendant l'assaut, en privant l'agresseur de tout abri, de tout angle mort, où il puisse se réfugier. Ce résultat sera atteint si la trajectoire moyenne des feux exécutés par la défense arrive (fig. I) à la crête sous un angle de chute égal ou un peu inférieur à la pente du terrain et parallèlement à lui-même.

Déterminons donc à quelles distances de la crête la défense obtient ainsi des feux rasants si meurtriers pour l'attaque, c'est-à-dire deux trajectoires moyennes, l'une dont l'angle de chute soit égal à la pente, et l'autre, un peu plus faible, rasant par exemple le sol à 1 mètre : les distances sont données par les petites formules suivantes, où p doit être exprimé en centimètres :

$$K_1 = (p + 5) 100 ;$$
$$K_2 = (p + 5) 100.$$

Conclusion. — Placer les troupes de deuxième ligne de la défense, dans cette zone d'environ 200 mètres, à l'abri si c'est possible et cribler les crêtes aussitôt le front démasqué par les avant-lignes.

10° Service de reconnaissance.

La règle topographique, d'un transport commode, d'un usage facile, permettra de répondre aux mille observations qu'on exige d'un officier en reconnaissance, surtout en ce qui concerne les distances, les pentes, les hauteurs, la détermination des obstacles, etc. Le tableau élémentaire de perspective plane aidera puissamment à l'établissement des croquis rapides et des vues pittoresques explicatives. Le limbe rectifiable de la boussole permettra de tenir compte d'une déviation locale constante, inhérente à la présence d'armes portatives, ou au moyen de locomotion employé, tel que cheval harnaché, bateau en fer, chemin de fer, vélocipède, etc... En toutes circonstances, on pourra rapporter toutes les observations d'angle et de direction au méridien géographique invariable.

Le carnet quadrillé, déjà mentionné avec emplacement pour la boussole-rapporteur inscrutée dans ses feuillets, sera joint à l'instrument pour résoudre graphiquement les calculs et les petits problèmes, dont la solution est donnée par l'instrument; il permettra en outre de faire du cheminement au carnet décliné lorsque l'observateur sera obligé de travailler pour ainsi dire en marchant, sans avoir d'autre repère que la direction de l'aiguille aimantée à chaque changement de direction.

Le carnet sera de la même dimension que l'instrument et contiendra la notice nécessaire à son maniement, le tout ayant exactement les dimensions d'un portefeuille et de la poche qui doit le contenir en campagne.

Paris et Limoges. — Impr. milit. Henri CHARLES-LAVAUZELLE.

www.ingramcontent.com/pod-product-compliance
Ingram Content Group UK Ltd.
Pitfield, Milton Keynes, MK11 3LW, UK
UKHW012108240726
13965UKWH00004B/1634

9 782013 481465